奇怪，真奇怪！这些到底是谁的脚印呢？
咱们要不一起去看一下？

走进大自然

脚是人和某些动物身体最下部接触地面的部分,是身体重要的负重器官和运动器官。因此不同动物基于体形不同,以及脚的功能不同,脚便有不同的外形。《动物的脚》这本书一开篇便以翻页形式抛出问题,引起幼儿的好奇心,通过先展示脚印,介绍这些脚印的特征,分析这些特征背后的原因,然后再揭开谜底,并进一步对动物的脚的特征和功用进行了细致的分析,更是刺激了幼儿的好奇心。通过这本书,可以很好地培养孩子仔细观察的能力和习惯,这正是养成科学素养的第一步。父母在日常生活中也可以引导孩子对身边的动物和植物进行观察。

撰文/[韩]朴保荣
大学学习韩国语言文学,目前从事自己喜爱的文字写作工作。著有《哇!恐龙奥林匹克》《森林深处帽子们的宴会》《让我,让我来帮助你》等书。作者通过写作,了解到了动物们的各式各样的脚,虽然外形和作用各不相同,却全都神奇而有趣。

绘图/[韩]赵美爱
大学专修绘画,曾在韩国插图学校学习插图。目前从事插图绘制工作。绘有《小小发明家》《皇太子陛下也会感到累的呢!》《让心情好起来的童谣》等书。

监修/[韩]鱼京演
在韩国庆北大学主修兽医学,专业是野生动物研究,并获得了兽医学博士学位。目前在韩国国立动物园担任动物研究所所长一职。著有《长颈鹿脖子长》《大象鼻子长》等书。

复旦版科学绘本编审委员会

朱家雄　刘绪源　张　俊　唐亚明
张永彬　黄　乐　蒋　静　龚　敏

总 策 划　张永彬
策划编辑　黄　乐　查　莉　谢少卿

图书在版编目(CIP)数据

动物的脚/[韩]朴保荣文;[韩]赵美爱图;于美灵译.
—上海:复旦大学出版社,2015.5
(动物的秘密系列)
ISBN 978-7-309-11286-3

Ⅰ.①动…　Ⅱ.①朴…②赵…③于…　Ⅲ.动物-儿童读物
Ⅳ.Q95-49

中国版本图书馆 CIP 数据核字(2015)第 053222 号

Copyright © 2003 Kyowon Co., Ltd., Seoul, Korea
All rights reserved.
Simplified Chinese © 2014 by FUDAN UNIVERSITY PRESS CO., LTD.

本书经韩国教元出版集团授权出版中文版
上海市版权局著作权合同登记
图字:09-2015-167 号

动物的秘密系列 3
动物的脚
文/[韩]朴保荣　图/[韩]赵美爱
译/于美灵
责任编辑/谢少卿　高丽那

复旦大学出版社有限公司出版发行
上海市国权路 579 号　邮编:200433
网址:http://www.fudanpress.com
邮箱:fudanxueqian@163.com
营销专线:86-21-65104507　86-21-65104504
外埠邮购:86-21-65109143
上海复旦四维印刷有限公司

开本 787×1092　1/12　印张 3
2015 年 5 月第 1 版第 1 次印刷

ISBN 978-7-309-11286-3/Q·94
定价:35.00 元

动物的秘密系列 ③

动 物 的 脚

文/[韩] 朴保荣　图/[韩] 赵美爱　译/于美灵

复旦大學 出版社

在长满枯草的草原上，有一串串椭圆形的脚印，脚印上方有四个圆形的脚趾。

不过奇怪的是，怎么脚印里没有脚爪呢？难道脚印的主人正在小心翼翼地靠近谁？却又不想被人发现？可是把脚爪藏起来，又是为了什么呢？

奇怪，真奇怪！

啊哈，原来是狮子留下的脚印啊！

它正瞄准猎物，悄悄靠近呢！

狮子的脚掌又厚又软，走路奔跑时声音很轻，很适合捕猎。

狮子发现美味的猎物，就会悄悄靠近；

到达猎物跟前，就会一下子露出藏在脚掌里的利爪。

哎呀！被狮子利爪抓住的动物恐怕只有死路一条了。

狮子共有五个脚趾。其中一个脚趾因为略高于其他四个脚趾，所以这个脚趾的脚印难以留在地面上。

狮子虽然平时会把爪子藏起来，但是一旦需要，就会调动韧带和筋骨，亮出利爪。

还有哪些动物像狮子一样，脚掌是又厚又软的呢？

轰隆！老虎脚掌软乎乎。

老虎的脚掌像肉团一样软乎乎、肉鼓鼓的，表面凹凸不平，奔跑时声音很轻。

老虎像狮子一样，利爪也藏在脚掌里，需要时会亮出利爪，一下子就可以捕获猎物。

喵喵！猫咪脚掌软绵绵。

猫咪即使从高处跳下来，也不会受伤，因为它的脚掌像棉被一样软绵绵的，起到了缓冲作用。

嗬嗬！猎豹脚掌软嘟嘟。

猎豹可以说是爬树专家。当它要独自享用美食，不想让其他动物来抢食的时候，它就会爬到树上。

猎豹用深藏在脚掌里的利爪，紧紧抓住树皮，所以不会轻易从树上掉下来。

脚印上方有三个细长的脚趾，后方有一个又粗又短的脚趾。

　　而且，脚印里的每个脚趾仿佛都藏有尖爪。

　　难道是想用尖爪，狠狠地扎刺或紧抓猎物吗？

　　脚爪看上去又细长又锋利，到底有什么用处呢？

　　奇怪，真奇怪！

啊哈！原来是老鹰留下的脚印啊！

老鹰的脚爪细尖而锋利，又像铁钩一样弯曲有力，堪称捕猎利器。

老鹰翱翔于空中，一旦发现猎物，便会俯冲下去，用利爪瞬间抓起猎物。

它在休息时，也会用尖爪紧抓树枝或岩石，不会轻易掉下来。

老鹰共有四个脚趾，脚趾可以随时弯曲，用于抓取树枝或猎物。对老鹰来说，即使是体积庞大的猎物，它也能用尖爪一把抓起，飞上天空。

还有哪些动物像老鹰一样，脚爪是弯曲有力的呢？

噔噔噔！啄木鸟的脚爪又细又长，每只脚都有四个脚爪，前后各两个。

啄木鸟无论是用脚站在树上觅食，还是用嘴凿洞建窝，它都会用脚爪紧抓树皮，保持身体平稳。

咚谷，咚谷！猫头鹰的两只脚各有四个尖爪。猫头鹰休息时，也会用尖爪紧抓树枝或岩石，一直保持直立站姿。

它在捕猎时，急速飞动，"嗖"地一下子便用尖爪抓获猎物。

咚呼，咚呼！蝙蝠的两只脚各有五个尖爪。蝙蝠会用利爪，倒挂在树枝或屋顶上休息或者睡觉。

池塘边有一串小蒲扇模样的脚印。

不过奇怪的是，脚趾间相互连接，像有窗帘一样。

不远处，还传来了"扑通扑通"的响声。

长得像蒲扇一样的脚掌，到底有什么用处呢？

奇怪，真奇怪！

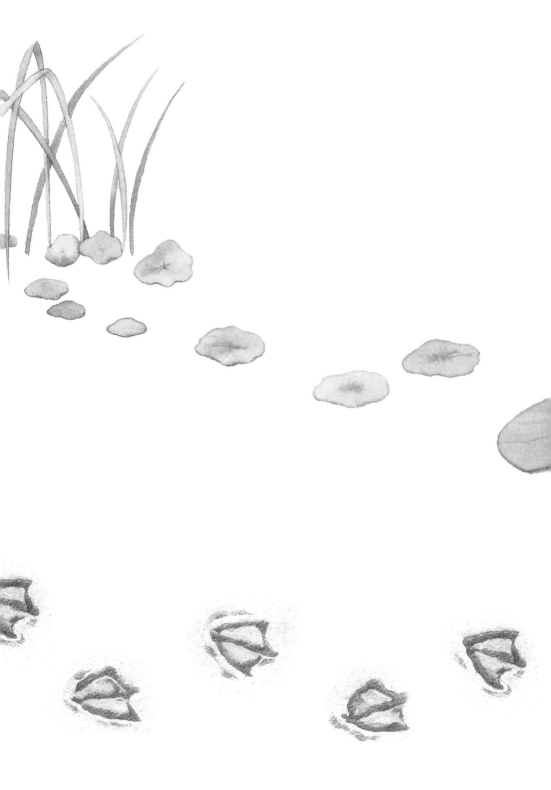

脚蹼是用来连接脚趾的薄膜，有助于动物在水中游泳或者潜水。脚蹼大小各不相同，根据动物在水中时间的长短而有所差异。一般说来，动物在陆地生活的时间越长，脚蹼越小。

啊哈！原来是"扑通扑通"游泳的鸭子留下的脚印啊！

鸭子的脚掌光滑扁平。鸭子用脚蹼——连接脚趾间的薄膜，用力拨水，便可"嗖"地游向前方。

鸭子在陆地上晃晃悠悠，在水中却是扑通扑通，真可谓"神采飞扬"。

还有哪些动物，也像鸭子一样，长有脚蹼呢？

嘎吆，嘎吆！水獭五个脚趾间长有脚蹼。水獭可以在水中捕食。遇到陆地上的敌人，便会藏在水里不出来。

短腿的水獭在水中可以畅游无阻，在陆地上也可以快速奔跑。

呱呱，呱呱！青蛙后脚趾上也长有脚蹼。

青蛙用伸展的脚蹼，在水中"飕飕"地快速游动。

它的后腿劲足，向上"呼哧"一跳，猎物便收进腹中。

　　咕咚，咕咚！企鹅脚上也长有脚蹼。企鹅用脚蹼划水，就像插上了翅膀，游得可畅快呢。

　　短腿的企鹅，在大海中可以灵活游动，捕获食物，但在陆地上只能晃晃悠悠，慢步行走。

辽阔的草原上，留有一排排整齐的、椭圆形脚印。

不过奇怪的是，脚印里好像看不到脚趾和脚爪呢？

仿佛是被追赶、疾速奔跑的模样。

远处传来"咯噔咯噔"的奔跑声，到底是谁呢？

奇怪，真奇怪！

啊哈！原来是斑马为了躲避敌人的追赶，疾速奔跑时留下的脚印啊！

斑马低头吃草的时候很容易被狮子和猎豹盯上。

所以因为生存需要，它们长出了两双可以随时疾速奔跑的脚蹄。

斑马脚蹄呈筒状，坚固无比，没有脚丫和脚爪。

原先，斑马的脚后跟上也长有数个脚趾，但是为了跑得更快，渐渐的就只保留了中间的那个。后来，连脚后跟也不用，只用脚尖跑。

时间一长，脚后跟上不用的脚趾也就随之消失了。

还有哪些动物像斑马一样，拥有坚硬无比的脚蹄呢？

哼哧，哼哧！长颈鹿细长的腿上长有脚蹄。脚蹄分为两半，呈椭圆状，又细又长。

长颈鹿在和敌人打斗，或者发脾气时，常常就会在空中"霍霍"地踢几脚。

噔噔，噔噔！梅花鹿既有脚蹄又有脚趾。

脚蹄上方长有两个脚趾，因为不常使用体积就变小了。

梅花鹿四条腿又细又长，适宜漫步丛林或奔驰原野。

咚咚咚！大象的脚蹄短又粗。脚掌巨大无比，犹如底厚面宽的圆盘。

大象的粗腿强壮无比，犹如圆柱，有力支撑着它的庞大身躯。

黄鼠狼的脚印，脚丫互相交错！

貉子的脚印，看起来像花斑纹！

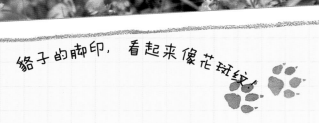

兔子的脚印，前长后圆！

青鼠的脚印，前后长短不一，成双成对！

野猪的脚印，后脚压前脚，层层叠叠！

根据栖息地和用途的不同，动物们脚的形状也各不相同。

奇怪，真奇怪！

去恐龙遗迹化石地看一看！

到目前为止，我们已经对动物们的脚，进行了仔细的观察。那么这次去看一下恐龙的脚印，如何呢？

恐龙是在侏罗纪和白垩纪时期十分繁盛，随后灭亡的动物。根据化石资料记载，世界约有 400 多种恐龙。中国已经发现了多处恐龙遗迹化石地，如自贡、西峡、北碚、合川、汝阳、刘家峡、禄丰、姜驿等地。

注意！注意！ 在恐龙遗迹化石地中有许多海岸线，因此去之前最好提前确认好退潮的时间。

比较一下！

看到恐龙的脚印，是否可以想象一下恐龙当时的样子呢？请动手画出浮现在你脑海的恐龙模样。

想象一下！

恐龙脚印到底有多大，不妨用自己的脚直接丈量一下。这样可以比较直观地得出结果。通过比较得出哪种恐龙的脚印最大，是不是很有趣呢？

_____的观察日记

观察日期：   观察地点：

观察
内容

1. 请标出你在恐龙遗迹化石地所看到的恐龙名字。

暴龙   三角龙   雷龙

原角龙   霸王龙   禽龙

2. 请画出你心目中漂亮的恐龙。

3. 请写下自己观察之后的感受。

啊哈，原来是狮子的脚印啊！